Impressum:

Copyright © 2016 GRIN Verlag, Open Publishing GmbH
Druck und Bindung: Books on Demand GmbH, Norderstedt Germany
ISBN: 9783668264748

Michael Dienst

Orthodoxe und nichtorthodoxe Fluid-Struktur-Wechselwirkung an Leit- und Steuertragflächen kleiner Seefahrzeuge

GRIN Verlag

Orthodoxe und nichtorthodoxe Fluid-Struktur-Wechselwirkung an Leit- und Steuertragflächen kleiner Seefahrzeuge.

BIONIC RESEARCH UNIT BERLIN
Mi. Dienst im Sommer 2016

Leit- und Steuertragflächen kleiner Seefahrzeuge

Sprechen wir über die Finne eines Surfboards. Die Tragflächen der Surfbrettfinnen besitzen in der Regel symmetrische Profile. In Fahrt bilden diese symmetrisch profilierten Tragflächen dann Querkraft generierende Systeme, wenn die Anströmung nichtaxial erfolgt. Die Variation des Lifts eines symmetrischen Profils über den Anstellwinkel ist selbst symmetrisch. Die aus dem hydrodynamischen Auftriebsgebaren der Tragfläche resultierende Querkraft wird vom Surfer/Surferin beim Manövrieren genutzt. Der Mensch und das Material, Surferin und Board bilden wie in jeder professionell ausgeübten Sportart eine unmittelbare Einheit. Surfen ist mehr als nur ein Sport oder eine Kunst. Surfen ist eine Lebenseinstellung. Mit dem gebotenen Respekt erprobe ich eine Annäherung.

Ein erstes rudimentäres Modell über das Lenken mit einem Surfboard entsteht, wenn um einen gedachten Drehpunkt ein Moment M_L um die Z-Achse des Boards wirkend angenommen wird. Eine differenziertere, wenn auch immer noch grobe Einteilung der Rotationsbewegungen eines Boards benennt das Rollen oder Schlingern (ROLL), entsprechend einer Rotation um die X-Achse, das Stampfen (PITCH), entsprechend einer Rotation um die Y-Achse und das Gieren (YAW) entsprechen Rotation um die Z-Achse. Des Weiteren benennen wir die der Fortbewegung überlagerte translatorische (Board-) Bewegung in X-Richtung (SURGE), die translatorische Seitenverschiebung in Y-Richtung (SWAY) und die Hebebewegung in Z-Richtung (HEAVE).

Woher stammt das Lenkmoment M_L? Die Frage ist weniger banal als sie auf den ersten Blick erscheint. Das Lenkmoment ML, das wir uns zum Manövrieren des Boards herbeiwünschen kann „irgendwoher" stammen. Nehmen wir in einer ersten Betrachtung einmal an, das Lenkmoment stamme von unserer heckwärtigen (Mono-) Finne. Diese funktioniert nun als Kraft- und als Arbeitstragfläche gleichermaßen und es kommt zu einem Wechselwirkungsgeschehen, das durch Energieaustausch gekennzeichnet ist. Wie wird nun die zum Manövrieren erforderliche Energie erzeugt, wie wird sie übertragen? Krafttragflächen sind fluidmechanisch wirksame Tragflügel die dem bewegten, umgebendem Fluid (vornehmlich) Energie entziehen; Arbeitstragflächen hingegen sind fluidmechanisch wirksame Tragflügel die primär Energie in ein umgebendes Fluid einkoppeln. Eine ideale Finne ist nun beides, Kraft- und Arbeitstragfläche. Das zum Lenken und Manövrieren erforderliche „Anfangsmoment" stammt aus den Körperbewegungen der Surferin. Sobald die Strömung an einer symmetrischen Finne einen gewissen Geschwindigkeitsanteil in Querrichtung enthält, arbeitet diese profilierte (Kraft-) Tragfläche und ist in ihrer physikalischen Wirkung selbst verstärkend, also „auto-reaktiv". Diese wunderbare Eigenschaft kennzeichnet das „Wesen eines Tragflügels" an sich, sie ist systeminhärent. Von der Güte einer Leit- und Steuertragfläche hängt die Intensität und die Bandbreite dieser „wesentlichen Eigenschaft" einer Surfboardfinne ab. Nicht ausschließlich, aber in der überwiegenden Mehrheit aller Produktentwicklungen im industriellen Bereich ist eine möglichst große Intensität tragender

Anteil der Entwicklungs- und Gestaltungsabsicht, des Design Intents und ist letztlich ein Performance-Kriterium für das avisierte Produkt. Grundsätzlich gilt, dass auf das Querkraftleistung einer Kraft- und Arbeitstragfläche kennzeichnende Auftriebsgebaren einer Profilkontur eine Vielzahl von Konstruktions- und Betriebsparametern Einfluss haben. Neben der Querkraftleistung einer Kraft- und Arbeitstrag-fläche interessieren die Robustheit der Konstruktion und die fluidmechanischen Verluste im Betrieb. Im Allgemeinen setzt sich der strömungsmechanische Widerstand einer voll getauchten Leit- und Steuerflächen aus drei Partialwiderständen, den Reibungs- und Formwiderstandsanteilen sowie den auftriebs-bedingten so genannten induzierten Widerstand zusammen. Surfboardfinnen gehören zum Lateralplan und bilden mit symmetrischem Profil genau dann einen fluiddynamisch wirksamen Tragflügel aus, wenn eine nichtaxiale Anströmung gegeben ist, wie oben beschrieben. Für das Flügelende der Finnen, insbesondere den Randbogen (die Kontur des vom Surfbrettkörper abweisenden, freien Surfbrettfinnen-Flächenendes), sind unterschied-liche Formen bekannt. Liegt nun der Schwerpunkt der Entwicklungsarbeit in der Erhöhung der Querkraftleistung der Tragflügelfläche, liefert eine größer skalierte Tragfläche bei gleichem Strömungsprofil mehr Querkraft. Ist die Skalierung nichtisotrop, wird etwa die Umrissgestalt und/oder der Schlankheitsgrad der Tragfläche variiert, ändert sich das Bild. Bei konstanter, gleichbleibender Tragflügelgestalt, kann der Konstrukteur Einfluss nehmen auf die Oberflächenbeschaffenheit. Für schlanke Körper wie Tragflügel, ist der Anteil der Reibung erheblich. Reibung wird in erster Linie durch den Charakter der wandnahen Strömung bestimmt; diese kann laminar oder turbulent sein. In Fahrt und beim Manövrieren ist die Fähigkeit einer Tragfläche entscheidend, eine nicht axiale Anströmung in Querkrafterhöhung umzusetzen. Einer symmetrischen Surfboardfinne vom Stand der Technik gelingt das gut, einer Finne mit nichtsymmetrischem Tragflügelprofil gelingt das besser (immer dann, wenn sie von der „richtigen" Seite angeströmt wird). Es ist sinnfällig, dass eine symmetrische Leit- und Steuertragfläche bestens geeignet ist, eine beidseitig Beaufschlagung auch in beide Richtungen gleicherweise zu beantworten; dieser „querkraftfreie Betrieb" einer Finne beim Geradeausfahren heißt: die neutrale Phase.

Das Strömungsprofil bezeichnet die Form eines Strömungskörpers in Strömungsrichtung des umgebenden Fluids. Die Kontur eines Strömungsprofils bezeichnet die umhüllende Gestalt des Strömungskörpers. Für die Profile rezenter Surfboardfinnen wird in der Literatur und insbesondere bei den Praktikern auf NACA-Profilreihen verwiesen[1]. Für ein Tragflügelprofil mit einer auf die Tragflügeltiefe t bezogenen Dicke d von d/t=6% findet man gesicherte Leistungsdaten (Auftrieb- bzw. Querkraftkoeffizient und Widerstandskoeffizient in Abhängigkeit vom Anströmwinkel) für das Profil NACA 0006 in der einschlägigen Literatur[2]. Wir erklären dieses Profil und das in der Praxis häufig auftauchende Profil einer ebenen Platte zum Stand der Technik bei Surfboardfinnen. Bei einfachen geometrischen Formen, etwa den Konturen von ebenen Platten-profilen, bei Wölbplattenprofilen oder bei einfach gekröpften Knickplattenprofilen ist der Deklarationsaufwand gering. Die Profilkontur NACA0006 und die ebene Platte sei Referenzsystem der nachfolgenden Untersuchung. Betrachtet werden Plattenprofilkonturen und deren Variationen mit Dicke d, der Wölbung f und Wölbungsrücklage xf. Die Nase des Profils ist verrundet, das Heck angespitzt. Die deformierte Platte verwendet die NACA 4er Wölbungslinie. Bezogen auf die Profiltiefe t folgt die Spezifikation für das Plattenprofil:

Platte[Dicke, d/t] [Wölbung, f/t] [Wölbungsrücklage, xf/t].

---

[1] http://users.tpg.com.au/users/mpaine/thesis.html#nacadata. Und tatsächlich weist das von einer Finne der Firma FUTURES abgeformte Profil eine hinreichende Übereinstimmung mit einem Profil aus der vierstelligen NACA-Reihe auf.
[2] vergleiche: Ira H. Abbott, Albert E. von Doenhoff, Theory of Wing Sections [Abbo-59]

Ein Profil PLATTE 061030 beispielsweise besitzt eine Profildicke von 6%, eine Wölbung von 10% und das Wölbungsmaximum, also die Wölbungsrücklage, befindet sich auf der Höhe von 30% der Horizontalkoordinate. Das Profil PLATTE 060000 ist eine ebene Platte mit einer Profildicke von 6%. Für Kraft- und Arbeitstragflächen wird in der Regel eine mechanisch starre Form, ein deklaratorisch definiertes Profil und eine nichtflexible Kontur angestrebt. Die Profile von Kraft- und Arbeitstragflächen sind in der Regel entweder definiert symmetrisch oder definiert asymmetrisch. Im Betrieb erreichen Kraft- und Arbeitstragflächen nach Stand der Technik mit starren Profilen das Maximum am Effizienz in einem fest umschriebenen Betriebspunkt. Da aber Kraft- und Arbeitstragflächen in Strömungsmaschinen außerhalb dieses relativ eng umrissenen Zustandsbereichs (Off-Design) nicht optimal arbeiten, sind die Energieverluste erheblich.

Die elastische Surfboardfinne
Forschung an Surfboardfinnen ist insofern einzigartig, weil hier nicht mit Modellen im Strömungskanal und mit skalierten Funktions- und Technologiedemonstratoren gearbeitet werden muss, sondern Originale Gegenstand der Untersuchungen sind. Für uns[3] zumindest ist dies ein Novum. Surfboardfinnen nehmen in der Familie der Kraft- und Arbeits-tragflächen auch deshalb eine Sonderstellung ein, weil als etablierte Werkstoffe, bis auf einige exotische Ausnahmen, Kunststoffe infrage kommen, die eine gewisse Elastizität aufweisen. Nachfolgend interessieren wir uns vornehm für die von dieser strukturellen Elastizität der Finnentragfläche herrührenden Gestaltänderungseigenschaften im Betrieb.
Die (ebenfalls strukturelle) Verformungsantwort einer durch ein strömendes Fluid beaufschlagten Tragfläche erscheint auf den ersten Blick offensichtlich. Zwar verformt sich ein Strömungskörper dessen Kontur von einem regulärem Rechteckflügel abweicht nicht mehr den ersten Erwartungen nach einer (zu einer Fläche extrudierten) elastischen Linie, aber von der Tendenz her wird der reale Verformungsverlauf mit unserer Erfahrungsaffirmation übereinstimmen.

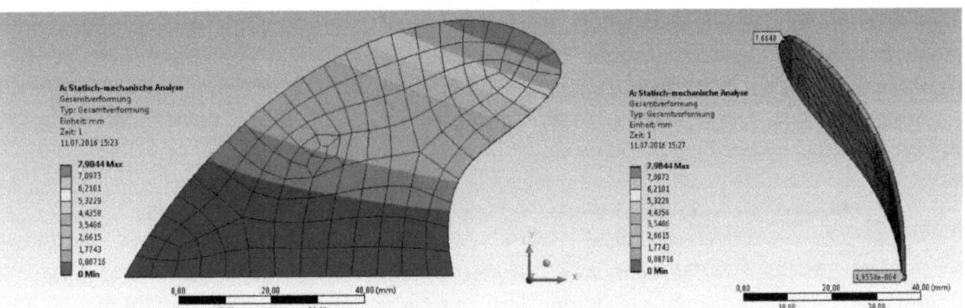

Abb.1: Iso-Verformungslinien der Gesamt-Gestaltänderung einer Surfboardfinne unter homogener Lastverteilung. Die Verformungswirklichkeit wurde simuliert nach der Finite Element Methode[4], FEM. Verformung (nichtmaßstäblich) in Haupt-Strömungsrichtung (rechts im Bild).

---

[3] Die BIONIC RESEARCH UNIT im Fachbereich Maschinenbau der Beuth Hochschule Berlin.
[4] ANSYS Workbench Release 16 Academic Research Version. Beth HS Berlin, FB VIII, CIP (2016).

Die Graphik Abb.1 zeigt den Verlauf der Iso-Verfomungslinien unter homogener Flächenbelastung (Druck) eines idealelastischen Werkstoffs. Die Verformung der Finne wurde nach der Finite Elemente Methode, FEM mit einer kommerziellen Simulationssoftware ermittelt, die die Verformungswirklichkeit mit hoher Exaktheit berechnet. Wir sehen, dass sich die Finne unter Belastung lateral-konvex verformt. In der graphischen Ausgabe der Iso-Verformungslinien ist zu sehen, dass diese nicht parallel der (linienhaften) Einspannung am Fuß der Finne verlaufen. Die Ursache ist darin zu finden, dass die laterale Seele der Finnentragfläche eine Krümmung aufweist. Die Koordinaten-transformation auf eine laterale (Symmetrie-) Achse liefert ein auch mit einfachen mathematischen Mitteln simulierbares mechanisches Ersatzsystem.

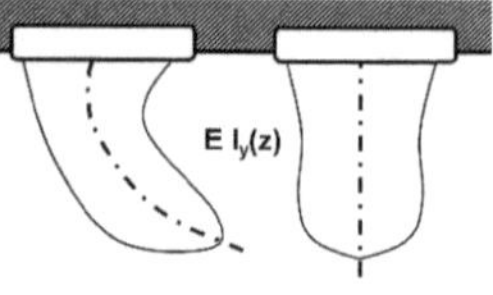

Simulationsgrundlagen

Lässt man das Widerstandsgebaren einer fluidisch beaufschlagten Finne unberücksichtigt, stehen die Querkräfte senkrecht auf der Finnenoberfläche, was die Berechnung einer Strukturverformung vereinfacht. Der aus dem Strömungsdruck zu erwartenden physikalische Input schätzen als nicht besonders groß ein und erwarten eher geringe Verformungen an der belasteten Struktur; die Lastaufschaltung soll langsam (quasi-statisch)erfolgen. Unter derartigen (Anfangs- und) Randbedingungen darf die elastische Theorie (nach der Hypothese von Bernoulli) angewandt werden um Strukturverformungen des Flächentragwerks unter Last zu ermitteln. Weil wir mit der Theorie der Elastischen Linie arbeiten, benötigen wir für die Simulation das axiale Flächenträgheitsmoment 2. Ordnung des belasteten Querschnitts I_{zz}; für Standardquerschnitte ist das ein Tabellenwert. Extravagante Querschnitts-flächen, wie etwa Tragflügelprofile! bereiten etwas mehr Mühe.

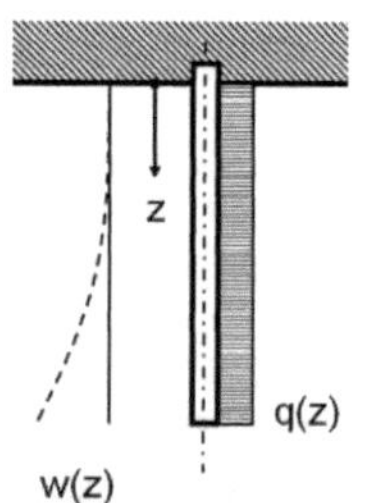

Flächen-trägheitsmomente sind der einschlägigen Literatur[5] zu entnehmen. Als Material wählen wir einen thermoplastischen Kunststoff PLA[6] (Polylactid), für das in den Materialtabellen ein Elastizitätsmodul E(PLA) = 3000–3500 [MPa][7] gefunden wird. Wir werden uns am unteren Materialwert: E_{PLA}=3 GPa orientieren. Die Materialauswahl[8] ergibt dann durchaus Sinn, wenn neben dieser theoretischen Abhandlung auch reale Dinge entstehen. die Theorie des Biegebalkens liefert die ...

$$\textbf{Biegedifferentialgleichung } w''(x) = M_b(x)/ E\ I_y(x) \qquad\qquad (1)$$

Sie ist auch die Basis unserer Berechnungen elastischer Finnen. Das Hookesche Gesetz (eine Similarität) setzt unter der Annahme kleiner Verformungen (Hypothese v. Bernoulli) die Spannung σ mit dem Elastizitätsmodul E und der Dehnung ε unter Belastung in Beziehung:

$$\sigma = E\,\varepsilon\ [Nmm^{-2}].$$

---

[5] Dubbel - Taschenbuch für den Maschinenbau (2001) von W. Beitz (Herausgeber), Karl-Heinrich Grote (Herausgeber)

[6] Polylactide, umgangssprachlich auch Polymilchsäuren (kurz PLA, vom englischen Wort polylactic acid) genannt werden, sind synthetische Polymere, die zu den Polyestern zählen. Sie sind aus chemisch aneinander gebundenen Milchsäuremolekülen aufgebaut.

[7] Druck und Spannung in SI-Einheiten. 1 N/mm²=1MPa   und   1000 N/mm²=1 GPa. Z.B.: E-Modul (Stahl) =210000 MPa.

[8] Polyactid ist zwar nicht der von uns bevorzugte Konstruktionswerkstoff und die Entwicklung geht zügig voran, hin zu PolyCarbonat-Werkstoffen (ebenfalls Thermoplaste) mit herausragenden mechanischen Eigenschaften.

Für einfache Biegung in z-Richtung gilt: $\quad \sigma = -(M_b(x)/\,I_y(x))\,z$

$$\text{und}\quad \varepsilon/z = M_b(x)/\,E\,I_y(x) = k \qquad (2)$$

k hat die Qualität einer Krümmung. Das axiale Flächenträgheits-moment 2. Ordnung I_y ist eine Funktion der Geometrie und bildet mit E die Biegesteifigkeit des Querschnitts ab. Die Krümmung k ist proportional dem Biegemoment $M_b(x)$ und umgekehrt proportional zur Biegesteifigkeit $E\,I_y(x)$. Die mathematische Krümmungsformel einer Linie ist die Basis der Elastischen Theorie (Eulers Elastika).

$$k = w''(x)/(1+ w'^2(x))^{3/2} \qquad (3)$$

$$k = \varepsilon/z = M_b(x)/\,E\,I_y(x) = w''(x) / (1+ w'^2(x))^{3/2} \qquad (4)$$

Für kleine Biegungen ist die „vereinfachte Biege-Differentialgleichung":

$$w''(x)\,E\,I_y(x) = M_b(x) \qquad (5)$$

Eine laterale Belastungskraft die aus der Strömung stammt, die Querkraft Q, kann mit dem Traglinienverfahren[9] ermittelt werden. Sie rangiert in der Größenordnung einer Dekade von etwa Q = 20 [N] für eine Querkraft beim Manövrieren bis zu einer Querkraft Q= 200 [N] für eine Finne im Volllast-Betrieb. Mit der elastischen Theorie lassen sich Modelle statisch bestimmter Balken unter Biegebelastung berechnen. Balken weisen in der Praxis unterschiedliche Querschnitte auf. Als Modell für unsere Finne soll ein Balken dienen, der über eine Länge von L=120 [mm] eine konstante Tiefe besitzt mit einer Dicke, die weniger als 10 Prozent der Tiefe entspricht.

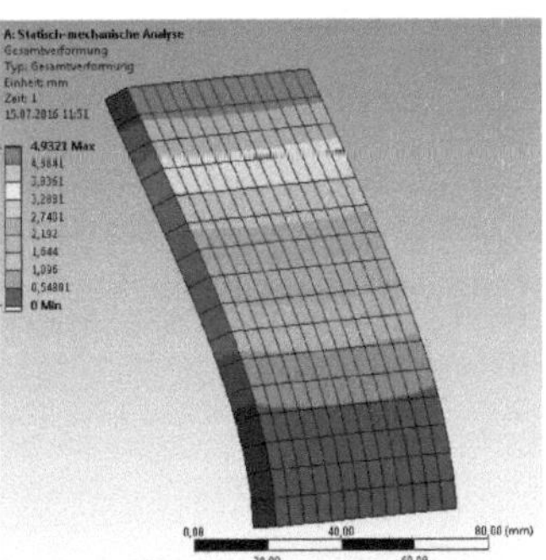

Geometrien der Ersatzkonturen								Tragflügel-Modell		Last	Biegung	
Tragflügel	t	d/t	d	a=t/2	b=d/2	A_{PROFIL}	I_{ZZ}	L	$E\,I_{ZZ}$	q(x,y)	w(z=L)	w(z=L)
	m	%	m	mm	mm	mm^2	mm^4	mm	$N\,mm^2$	$10^3\,Pa$	mm	mm
PlattenProfil	0.1	7	0.07	50	3.5	700	2858.3	120	2858.3	16,7 (12,5)	5.0	3.75
Membran	0.1	4	0.04	50	2	400	533.3	120	533.3	16,7 (12,5)	27.0	20.3
	Geometrie				Strukturanalyse						Fall 1	Fall 2
Fall 1 Belastende Querkraft Q_1 = 200 [N], Geschwindigkeit v > 10 [ms^{-1}], Finnen-Anstellwinkel α= 10°												
Fall 2 Belastende Querkraft Q_2 = 150 [N], Geschwindigkeit v < 10 [ms^{-1}], Finnen-Anstellwinkel α= 10°												
Rechteckflügel mit der Länge L = 120 [mm], Belastungsmodell: Kragträger mit Streckenlast q(z) = Q / z												
FEM-Analyse mit idealelastischem PseudoMaterial, q(x,y) = 16,7 kPa, Gesamtverformung: w(z=L) = 4,93 mm (kl. Graphik oben)												

Für das Plattenprofil gilt: Querschnittsfläche: $\qquad A = t \cdot d$
Das axiale Flächenträgheitsmoment 2. Ordnung: $\qquad I_{ZZ} = t \cdot d^3/12 \qquad (6)$

[9] Siehe auch: Dienst, Mi. (2016) Fast Fluid Computation, FFC. Das Traglinienverfahren zur Analyse einfacher Tragflächen. GRIN-Verlag GmbH München, ISBN (e-Book): 978-3-668-21346-3, ISBN (Buch): 978-3-668-21347-0

Aus der Elastischen Theorie erhalten wir die Gleichung für die Biegelinie des ebenen Balkens. Die Gleichungen der Biegelinien für die unterschiedlichsten Belastungsfälle sind in Tabellen geordnet in der einschlägigen Literatur verfügbar. Für einen kragenden Balken mit der Streckenlast q(z) findet man eine nach zweimaliger Integration der Biegedifferentialgleichung und nach Einsetzen der Randbedingungen die Gleichung für die Biegelinie.

$$2 \cdot E \cdot I_{zz}(z) \cdot w(z) = (q(z) \cdot L^4) \left[(1/2) \cdot (z/L)^2 - (1/3) \cdot (z/L)^3 + (1/12) \cdot (z/L)^4 \right] \qquad (7)$$

Die Biegeverformung w = w(z) kann mit dieser Gleichung für jedes z berechnet werden, sofern die Streckenlast q(z) an diesem Ort bekannt ist. Die Streckenlast q(z) ist eine über den Tragflügel verteilte Kraft in Richtung der Tragflügelstreckung (Z-Koordinate) der Dimension: q(x) [Nm-1]. Mit dem Traglinienverfahren hatten wir Querkräfte an fünf Profilquerschnitten ermittelt und diese integriert. Für unsere Streckenlast würde das in diesem Fall bedeuten: An einer Stelle k fänden wir eine Belastung $q(z_k) = Q_k/dz_k$ vor. Um das Verfahren etwas zu vereinfachen sei die Streckenlast als Konstant angenommen: q(z) = const. Das gilt dann für jeden Querschnitt von z=0 an der Flügelwurzel bis z=L am Tragflügel-Tip. Damit vereinfacht sich die Integration der Tragflächenbelastung zu: q(z=L)=Q/L. Uns interessiert die maximale Auslenkung an der Tragflügelspitze (am Finnen-Randbogen, Tip). Für den Fall, dass die Stelle z=L betrachtet wird vereinfacht sich die Biegegleichung:

$$8 \cdot E \cdot I_{zz} \cdot w(z{=}L) = (q(z) \cdot L^4) \qquad (8)$$

In der Gleichung um die Biegeverformung w steckt immer noch die von der z-Koordinate abhängige Streckenlast q(z) = Q(z) /dz [Nm-1];   mit q(L) = Q /L.
Das vereinfacht sich die Gleichung noch einmal:

$$8 \cdot E \cdot I_{zz} \cdot w(L) = Q \cdot L^3$$

Berechnungsergebnis soll die Biegeverformung w(L) sein, also stellen wir die Gleichung um:

max. Verformung: $\mathbf{w(L) = (Q\,L^3) / 8 \cdot E \cdot I_{zz}}$ [mm]   (9)

Die Berechnungsergebnisse sind aus der obigen Tabelle zu ersehen. Gleichung (8) ist eine universelle Formel für die Verformung eines Tragflügels unter einer über die Fläche verteilten Kraft aus einer Druckintegration über die Konturen beliebiger Profile. An dieser Stelle ist noch der 100-Newton-Fall interessant. Wir erhalten Berechnungswerte für die maximale Verformung: w(Platte)=2.5 mm und w(Membran)=13.5 mm (wobei die Auslenkung des als Membran bezeichneten Profils grenzwertig ist.

Mechanisch orthodoxe Fluid-Struktur-Wechselwirkung.
Sich nach der elastischen Theorie verformende Bau- und Wirkungsweisen verhalten sich „mechanisch orthodox". Tragflügelstrukturen, die unter Belastung ein orthodoxes Beaufschlagungs-Verformungs-Verhalten aufweisen, bilden wegflexende, konvexe Form aus. Sich mechanisch nichtorthodox verhaltende Tragflügelstrukturen bilden eine konkave Form aus. Die Ursache für unter Belastung orthodoxes Beaufschlagungs-Verformungs-Verhalten kann

eine eigentümliche Kinematik der Tragflügelstruktur sein. Bauteile, die so konstruiert sind, dass sie sich im Betrieb mechanisch nichtorthodox, belastungsadaptiv verhalten, nennen wir „Strukturen mit intelligenter Mechanik"[10].

Die Verformung der Tragflächenstruktur hat Einfluss auf das Leistungsvermögen der Finne. Verformt sich die Finne orthodox, also krümmt sich die unter fluidischer Druckbelastung stehende Struktur in der gleichen Richtung wie die beaufschlagende Strömung, könnte das „Wegflexen" der Tragfläche (theoretisch) dann durchaus vorteilhaft sein, wenn das elastische Verhalten Betriebssicherheit realisiert und im Belastungsfall die verformte Finnenstruktur einen Auftriebsvektor liefert, der Vertikalanteile besitzt. Die vertikale Kraftkomponente des Querkraftvektors zeigt nach oben. Und jeder Wassersportler weiß, dass nichts den Strömungswiderstand des Gesamtsystems mehr verbessert, als ein „Lift", der die vom Wasser benetzte Fläche des Strömungskörpers, also des Boards in diesem Falle, verringert. Nun, das Surfboard gerät nicht gleich ins „Foilen", aber tendenziell führt die „flexende" Verformung einer zentralen Leit- und Steuertragfläche genau in diese Richtung. Surferinnen berichten, dass bei Surfboards mit elastischen Finnen ein gewisses „schwammiges" Gefühl bleibt, wenn Energie in einer Struktur „wegverformt" wird. Und ausserdem: Elastische Finnen sind fehlertolerant. Bei hoher Belastung – wir stellen das Brett quer - speichert eine elastische Finne die eingetragene Energie als Strukturverformung zwischen. Solange die Finne das mechanisch aushält, ist das ein Vorteil. Da wir die Verformungsenergie wieder zurückbekommen - und zwar mit einem sensationell hohen Wirkungsgrad von über 90% - ließe sich dieser Effekt sogar taktisch für bestimmte Fahrweisen nutzen. Der gemäßigt wegflexende Tragflügel stellt grundsätzlich kein fluidmechanisches Problem dar. Selbst der schwingende Tragflügel nicht. Aus dem Yachtdesign wissen wir, dass „das singende Schwert" keine Neu- oder Umkonstruktion fordert[11] und beweglichen Strömungsbauteilen in den Klassenvorschriften ein „Bewegungsraum" zugestanden wird (Libera[12]). Die flexende, sich aus der Strömung herausbewegende und mechanisch orthodox verhaltende Arbeitstragfläche bildet eine (struktur-natürliche) Über-lastsicherung aus und erfüllt bei kluger Materialauswahl die Zukunftstechnik kenn-zeichnenden Resilienzkriterien der Widerstandsfähigkeit, resultierend aus mechanischer Robustheit und fluiddynamischer Anpassungsfähigkeit. Eine Recherche zum Stand der Technik flexibler Surfboardfinnen lieferte folgende in erster Linie Systeme mit orthodoxer Fluid-Struktur-Wechselwirkung. Die deutsche Patentanmeldung DE 31 26 371 A1 beschreibt eine Vorrichtung zur Stabilisierung der Fahrtrichtung von Wasserfahrzeugen (Schwert, Finne für Windsurfbretter) mit zwei unabhängig voneinander elastisch verformbaren Seitenwandungen [Gai-83][13]. Eine Finne mit einem vom Hauptkörper trennbaren Flossenteil beschreibt WO 2006/135256 A1, [Jon-05][14] und weitere sich konvex verformende Finnen [Ste-83][15], [Heg-84][16], [Aic-11][17]. Theoretische Untersuchungen zeigen, dass sich mit einer Profilkontur, die unter fluidischer Belastung eine konkave Gestalt annimmt und keine konvexe (wie die oben genannten Finnen vom Stand der Technik), die Leistungsmerkmale

---

[10] Siewert, M; Kleinschrodt, H-D; Krebber, B; Dienst, Mi. (2010) FSI- Analyse auto-adaptiver Profile für Strömungsleitflächen. In: Tagungsband, ANSYS Conference & 28th CADFEM Users' Meeting Aachen 2010.

[11] http://www.randmeer.nl/index-de.php

[12] http://www.classe-libera.org/principessa/index.html

[13] Gaide, A. u. Mistral Windsurfing, Zürich CH (1983). Vorrichtung zur Stabilisierung der Fahrrichtung von Wasserfahrzeugen, insbesondere Schwert oder Finne für Windsurfbretter. DE 31 26 371 A1.

[14] Jones, C. (2005). Fin or Keel with flexible Portion for Surfboards or the like. WO 2006/135256 A1.

[15] Stemme. O. (1983) Finne für ein Surfbrett. DE 31 41 941 A1

[16] Hegele, F. (1984) Finne für ein Surfbrett. DE 32 46 126 A1

[17] Aichinger, J. (2011) Finne. DE 10 2009 051 964 B3

der Profilkontur und damit des gesamten Tragflügelsystems verbessern können. Für die Berechnungen steht ein leistungsfähiges, auf der Potentialtheorie basierendes und mit einem Reibungsansatz erweitertes CFD-Programmsystem der Firma MH Aerotools[18] zur Verfügung, das auch graphische Darstellungen der Umströmung der untersuchten Tragflächenprofile generiert. [W-4][W-5].

Ein Beispiel: Eine ebene Platte hat bei einem Anströmwinkel von 10 [°] einen Auftriebsbeiwert von etwa CL= 1.0[-]. Eine konkav gewölbte Platte hat bei einem Anströmwinkel von 10 [°] einen Auftriebsbeiwert von CL>1.4 [-]. Eine konvex gewölbte Platte hat bei einem Anströmwinkel von 10 [°] einen Auftriebsbeiwert von CL< 0.7 [-].

Platte (ohne Wölbung)   P 06 00 30 Re: 10E6, Wasser

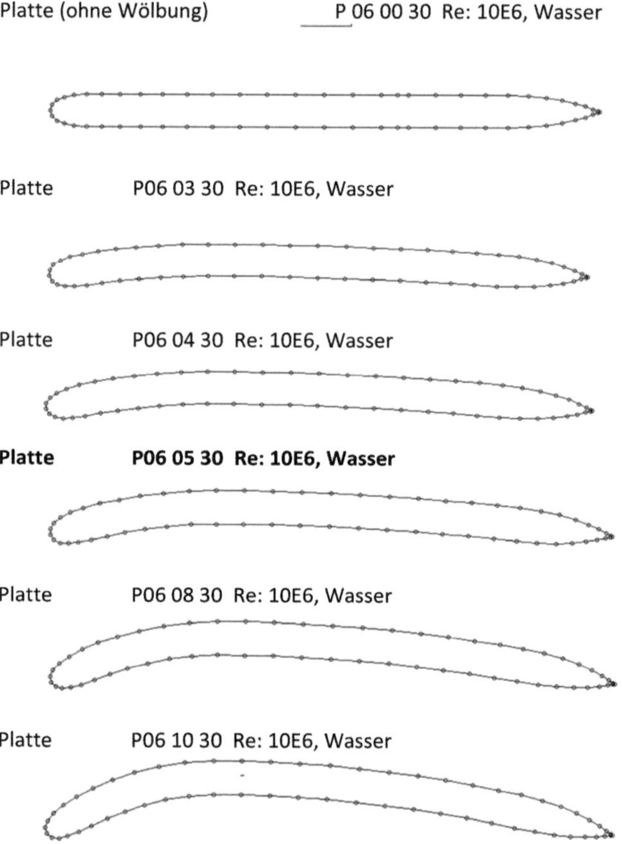

Platte   P06 03 30 Re: 10E6, Wasser

Platte   P06 04 30 Re: 10E6, Wasser

Platte   P06 05 30 Re: 10E6, Wasser

Platte   P06 08 30 Re: 10E6, Wasser

Platte   P06 10 30 Re: 10E6, Wasser

Abb.2: Plattenprofil mit einer Dicke von (d/t) = 6% unter Variation der Wölbungsrücklage bei konstanter Wölbung von (f/t) = 5%.

---

[18] MH Aerotools: Dr. Martin Hepperle, Braunschweig, Germany was Assistant at Prof. Dr. R. Eppler's Institute A of Mechanics at the University of Stuttgart, later Scientific staff member at the Institute of Aerodynamics and Fluid Technology at the DLR in Braunschweig. *JavaFoil* is a new implementation of the previous *CalcFoil* program, written for web pages using the "C" language.

Eine konvexe Wölbung der Finnentragfläche verbessert die Performance der Finne. Dies ist die Kernaussage des Diagramms Abb.3. das die gerechneten Lift-Koeffizienten über den Anstellwinkel der Strömung zeigt. In der Schar der Konturvariationen ist das symmetrische Profil (Platte ohne Wölbung P 06 00 30 Re: 10E6, Wasser) leicht zu erkennen; es zeichnet die Lift-Koeffizientenkurve mit dem Nulldurchgang (rote Kurve). Die Ausbeute an Querkraft legt mit etwa CL= 1.0[-] den unteren Bereich der Skala fest. Aber: Sobald die Platte auch nur eine Krümmung von marginalen drei Prozent annimmt, ändert sich das Bild. Wir betrachten das Plattenprofil PLATTE 060330 mit einer konkaven Krümmung von drei Prozent bei einer Krümmungsrücklage auf der Höhe von dreißig Prozent der Profiltiefe: die (spezifische) Querkraft liegt plötzlich um 40%! höher als im ungewölbten, symmetrischen Fall. Dieser Fall (das symmetrische Profil) bot ja den Vorteil der beidseitigen Beaufschlagbarkeit ohne Einbußen an Querkraftaufkommen.

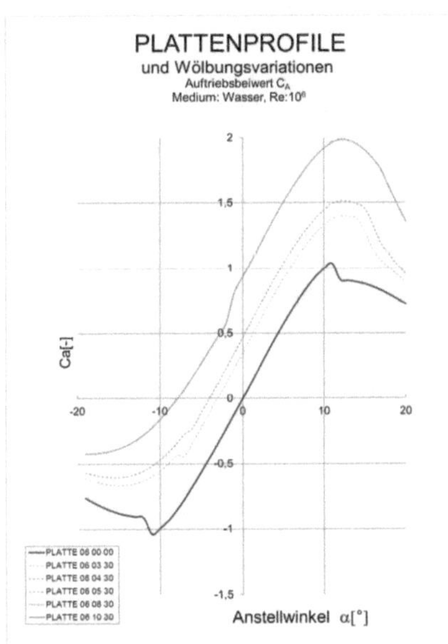

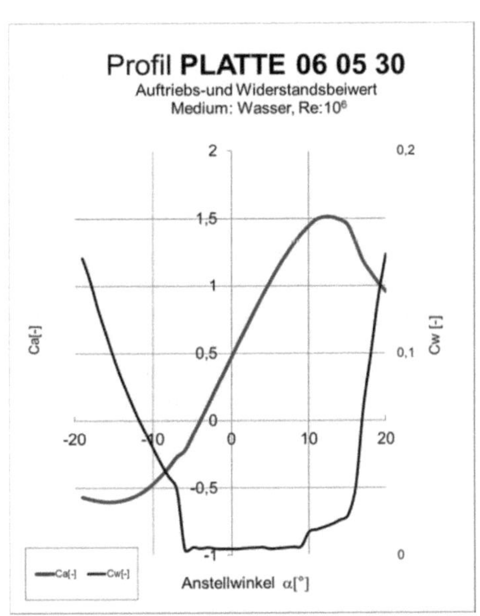

Abb.3: Querkraftkoeffizient einer Schar gewölbten Plattenprofilen (linkes Diagramm) Querkraft- und Widerstandskoeffizient über Anströmwinkel für ein Plattenprofil mit der Dicke von d/t=6% und konstanter Wölbung und Wölbungsrücklage (rechts im Bild).

Strömen wir genau dieses Profil mit einem Anströmwinkel von -10 [°] an, kommt dies einer Konvexverformung der Tragflügelfläche gleich. Der Liftbeiwert sinkt auf einen Wert CL <0,7, wie oben beschrieben. Das Profil mit einer Wölbung von fünf Prozent (Platte P06 05 30, Re: 10E6, Wasser) erscheint als attraktiver Kandidat für eine strömungsadaptive Tragfläche. Für diese Profilkontur ist im rechten Diagramm der Graphik Abb.3. der berechnete Widerstandsbeiwert aufgetragen. Es ist sofort ersichtlich, dass der Cw-Wert nahezu schlagartig an Wert zunimmt, wenn das Tragflügelprofil (aus welchem Grund auch immer) eine konvexe Wölbung erfährt. Auf der anderen Seite, im Falle einer konkaven Krümmung, finden wir in der Graphik einen Auftriebsbeiwert von CL <1,0 bei einem Anströmwinkel von α_{STALL}=10 [°].

Die Berechnungsergebnisse für den Fall einer einfachen, einmal konkav und einmal konvex gewölbten Platte als Tragflügelprofilkontur zeigen, dass ein sich orthodox verformendes Leit- und Steuertragflächensystem in seiner Leistungsentfaltung einbricht, es sich aber auf der andern Hand lohnt nach passiven, belastungsadaptiven, autonom arbeitenden, mechanischen Anordnungen zu forschen, die sich möglichst selbstständig, also ohne Steuerungs- und Regeleingriffe, unter Last zu einem konkaven System verformen.

Mechanisch nichtorthodoxe Fluid-Struktur-Wechselwirkung.
Der kontrolliert struktur-flexiblen Verformung von Strömungsbauteilen räumen wir eine hohe Zukunfts- und Innovationsfähigkeit und damit einem hohen Stellenwert in unseren rezenten Forschungsbemühungen ein. Intelligente Mechanik (i-mech) in Surfboardfinnen bedarf aber noch eines weiteren (innovativen) Schrittes hin zu einer nicht-orthodoxen „intelligenten Fluid-Struktur-Wechselwirkung, i-FSI".

Werfen wir hierzu einen Blick auf die belebte Natur. Die teilweise bis an die Grenze des physikalisch Machbaren optimierte Gestalt vieler Lebewesen tritt nicht selten mit einer von Einfachheit getragenen Eleganz auf. Eingedenk der Komplexität der Lebewesen ist es für einen Konstrukteur bemerkenswert biologischen Gestaltungslösungen zu begegnen, die sich im Laufe der Evolution zu Konstruktionen entwickelt haben und weitestgehend selbstständig und mit geringstem kognitivem und strukturellem Aufwand komplizierte Aufgaben erfüllen. Strahlenflosser[19] sind eine sehr erfolgreiche Klasse der Knochenfische[20], die mit ca. 30.000 bekannten rezenten Arten über 96 Prozent der lebenden Fischarten und damit etwa die Hälfte aller beschriebenen Wirbeltierarten stellen. Die Anatomie und die Mechanik ihres Bewegungsapparates war in der Vergangenheit Gegenstand zahlreicher wissenschaftlicher Untersuchungen, dennoch wird die Vielfalt von Funktion und Design der namensgebenden Flossenstrahlen, ihr evolutiver Werdegang, das individuelle Wachstum und die Differenzierung während der Individualentwicklung derzeit wenig erforscht. Zumindest vor dem Hintergrund einer Übertragung ihrer kinematischen Problemlösungsprinzipien auf Technik. Betrachtet man die Fischflosse im Kontext des Fischkörpers, so sind Flossenstrahlen Teil des Wirbeltierskeletts, welches eine Schar fester, gelenkiger (Skelett-) Elemente bildet, die in Zusammenarbeit mit den Muskeln für die Fortbewegung des Wesens wichtig sind. Die sichtbare Membran der Fischflosse wurde im Laufe der Evolution möglicherweise ursprünglich nur von dermalen Schuppen in der sie bedeckenden Haut gestützt. Die Flossen höher entwickelter Knochenfische werden im inneren Bereich durch eine Reihe schlanker Flossenstrahlen stabilisiert. Grundsätzlich sind die Flossenstrahlen der Knorpelfische schlank, nicht gegliedert und elastisch. Die Flossenstrahlen der Knochenfische sind gegliedert, proximal paarig, distal verzweigt und verknöchert. Sie werden evolutionsbiologisch von Schuppen abgeleitet beschrieben[W-06][W-06][Hild-01]. Die Schwanzflosse der Strahlenflosser wird innerhalb ihrer fleischigen Basis von mehreren Fortsätzen unterstützt und dient den Fischen zur Vortriebskrafterzeugung, zur Stabilisierung der antriebslosen geradlinigen Fortbewegung und zum Manövrieren. Wenn das Tier in seiner fluidischen Umgebung Inhomogenitäten auffindet, also ein Geschwindigkeitsfeld respektive einen geeigneten

---

[19] Actinopterygii. Strahlenflosser (Actinopterygii) sind eine Klasse der Knochenfische (Osteichthyes).
[20] Osteichthyes. Knochenfische (Osteichthyes) oder Knochenfische im weiteren Sinne sind diejenigen Fischgruppen, deren Skelett im Gegensatz zu dem der Knorpelfische (Chondrichthyes) vollständig oder teilweise verknöchert ist. Von den Osteichthyes sind die Knochenfische im engeren Sinne, die Echten Knochenfische (Teleostei), zu unterscheiden.

Druckgradienten, kann es dies zur eigenen Mobilität nutzen, indem es sich im Zickzack von Wirbel zu Wirbel hangelt und für diese Art der Fortbewegung nur relativ geringe Muskelkraft aufwendet. Das Zusammenspiel und Wechselwirken von in einer Strömung transportierten Wirbeln mit einer Flossenmembran ist ein grundsätzliches Phänomen wirbel- und inversionsbehafteter Strömung und Gegenstand der Analyse der aktiven und passiven Wirbelkontrollmechanismen von Wasserlebewesen. Die Prinzipien der Wirbelkontrolle sind von großer Bedeutung für das Verständnis, wie Fische schwimmen und manövrieren. Ein harmonisch oszillierender Tragflügel kann in einer mit großen Wirbeln behafteten Strömung vorteilhaft interagieren und Schub erzeugen, wenn sowohl die Wirbelgröße und die Frequenz des harmonisch oszillierendes Profil in der Strömung fitten. Fluid-Struktur-Interaktion von flexiblen Körpern in wirbelbehafteten Strömungen ist Gegenstand der rezenten Forschung [Gopa-94][Read-02][Ande-99][Albe-09][Liao-06][Tria-02][Floc-09][Stre-96].

Die Fluid-Struktur-Wechselwirkung beim Impulsaustausch mit dem Fluid über die Membrantragfläche der Fischflosse, kann produktiv oder generativ sein. Bei einer produktiven Wechselwirkung arbeitet die Flossenmembran als Krafttragfläche und koppelt Energie aus der Strömung in die Membran ein. Bei einer generativen Fluid-Struktur-Interaktion wirkt die Flossenmembran als Arbeitsfläche und koppelt Energie aus der Struktur in das Fluid ein. Produktion und Generation können in einem zeitlich-örtlich ineinander verschränkten, komplexen Gesamtgeschehen stattfinden. Anders als in der Technik, wo der Energie- und Informationsaustausch an Kraft- und Arbeitstragflächen vergleichsweise eindeutig beschrieben und zugeordnet werden kann, stellen sich biologische Tragflügelkonstruktionen als komplexe, zur Rückkopplung und zur Adaption fähige Multifunktionssysteme dar. Diese sind optimiert und in der Lage, ihre fluidische Umgebung zu kontrollieren, gestaltend auf sie einzuwirken und sie für ihre Transport- und Mobilitätsbelange zu konditionieren derart, dass das Lebewesen den zeitlichen Ablauf seiner Körperbewegung so auszuführt, dass der genezierte Wirbel die in seiner Umgebung vorgefundenen Struktur vorteilhaft ergänzt. Dabei haben Periodizität, Frequenz, Phase und Drehrichtung der von in einer Strömung zu einer Flossenmembran transportierten Wirbelgebilde erheblichen Einfluss auf die Qualität der Fluid-Struktur-Wechselwirkung mit der Flossenmembran [Die-15-3][21].

Ist der Impulsaustausch an der Membranoberfläche groß, verhält sich die biologische Flosse biegenachgiebig-elastisch und weicht einer transversalen Anströmung aus. Die Beaufschlagungs-Formänderungs-Wechselwirkung verhält sich kausal gegenüber beaufschlagenden Kraftrichtung und im Sinne eines konventionellen Belastungs- Verformungsregimes mechanisch „orthodox". Im Normalbetrieb aber, technisch gesprochen also „im Auslegungsbereich des Strömungsbauteils", führen die Flossenstrahlen passiv eine elastische, konkave Verformung aus, deren Krümmung der Belastungsrichtung entgegengerichtet ist. Hier zeigt die Fischflosse ein „mechanisch nichtorthodoxes", ja paradoxes Verformungsgebaren und eine der Krafteinleitungsrichtung entgegenwirkenden Verformung realisierende Belastungs-Formänderungs- Interaktion. Die Ursache der nichtorthodoxen Krümmung biologischer Flossen-membranen findet sich im bemerkenswerten Design der biegeflexiblen Innenstruktur der Flossenstrahlen, einer Schar regelmäßig von durch Stege verbundenen, durch ein plastisch verformbare Inlets gedämpfte und mit Flossenhaut ummantelte Halbtubensysteme. Aus der Sichtweise der Bionik stellten strömungsadaptive Tragflächenprofile nach dem Vorbild fluidischer Biosysteme grundsätzlich eine Möglichkeit

---

[21] Dienst, Mi. (2015). Zur Fluid-Struktur-Wechselwirkung biologischer Finnen. GRIN-Verlag GmbH München, ISBN (eBook): 978-3-668-00166-4, ISBN (Buch): 978-3-668-00167-1.

der passiven Strömungskontrolle dar. Dies führte in der vergangenen Dekade zu einer ambitionierten Erforschung der „intelligenten Mechanik" biologischer und technischer Flossensysteme. In mehreren Forschungsvorhaben der Beuth Hochschule für Technik Berlin wurden seit 2006 die biologistischen Hintergründe "intelligenter Mechanik" betrachtet, an der Wirkungsweise biologischer Flossen die „prinzipielle Lösung" für artifizielle autoadaptive Profile herausgearbeitet, erste technische Kinematiken entworfen [MIR-05], numerische Lösungsansätze erarbeitet [KRE-08], Systeme mit Fluid-Struktur-Wechselwirkung untersucht [Sie-10], [Sie-11] und Patente für belastungs-adaptive Bauteile angemeldet [USP-12][DEP-11]. Da zu dieser Zeit numerische Modelle der Fluid-Struktur-Wechselwirkung nur für ausgesuchte Randbedingungen existierten, wurde im Rahmen der Forschungskampagne eine Prozesskette entwickelt, welche die Lösungen von Körperverformung (Finite Element Methode, FEM) und Strömungsgebiet (Computational Fluid Dynamics, CFD) in einem gemeinsamen Simulationsansatz unter den speziellen Bedingungen hochkomplexer dynamischer Außenumströmung miteinander koppelt (Fluid Structure Interaction, FSI). Die Simulations- und Berechnungsergebnisse bildeten die Basis für den Entwurf realer Strömungsbauteile mit intelligenter Mechanik.

Die Von der Delfinhand zu kinematischen Grundfiguren
Neben der Mechanik der strömungsadaptiven Flossenstrahlen der Fische drängt derzeit ein weiteres biofunktionales, passiv-adaptives Bewegungssystem in den Fokus weiterreichender Untersuchungen der BIONIC RESEARCH UNIT[22]: Das Mittelhandknochensystem der Wirbeltiere. Die Tetrapoden[23] haben sich im oder nahe dem Süßwasser entwickelt. Mi ihren starken Flossen konnten sie an Land Nahrung finden und aquatischen Feinden entkommen. Fossilien amphibienähnlicher Fische und fischähnlicher Amphibien liefern Deutungsmodelle für die Entwicklung der Flossen hin zu einem für das Leben auf dem Festland geeignetem Bein. Die allmähliche Verwandlung der Flossen zu Gliedmaßen verlangte einen morphologischen Umbau, den Verlust der Flossenstrahlen und die Ausbildung von Fingern. Der Übergang aus dem Wasser an das Land und die Geschichte des Gestaltwandels der Wirbeltiere ist Gegenstand der einschlägigen Literatur (Neil Shubin[24] „Your inner Fish") und soll aber an dieser Stelle nicht erzählt werden. Die verschlungenen Wege der biologischen Evolution führte einige Wirbeltiere zurück ins Wasser.
Die modernen Wale entwickelten sich vor 30-40 Millionen Jahren. Entwicklungsmorphologen sind sich heute nicht mehr so ganz sicher, ob primitive Huftiere des Eozäns die Urväter modernen Wale (Cetacea) und Walartigen waren. Neuste Untersuchungen legen die Vermutung nahe, dass Fleisch fressende Urhuftiere, die in ihrer Gestalt Wölfen ähnelten, zur Jagt mehr und mehr Küstengewässer, Flussmündungen und das Meer aufsuchten und eine aquatiate Lebensform annahmen. Der früheste bekannte Urwal *Pakicetus* lebte vor etwa 53 Millionen Jahren. Sein Schädel weist (noch) große Gemeinsamkeiten mit denen der Landtiere auf. Nach und nach wandelt sich im Laufe einer einzigartigen Evolutionskampagne das Skelett des Säugetiers und es entwickelt eine stromlinienförmige Körperkontur, der Verlust seines Haarkleides geht einher mit der Ausbildung der wärmedämmenden und

---

[22] Die BIONIC RESEARCH UNIT ist die forschungsbezogene Fachgruppe für Bionik an der Beuth Hoschule für Technik Berlin. https://projekt.beuth-hochschule.de/bru/
[23] Tetrapoda (*tetra* ‚vier' und *pod-* ‚Fuß') fasst in der biologischen Systematik die Wirbeltiere zusammen, die vier Gliedmaßen (Extremitäten) haben. Zu diesen Vierfüßern gehören die Amphibien (Amphibia), die Reptilien (Reptilia), die Vögel (Aves) und die Säugetiere (Mammalia) einschließlich des Menschen. Es zählen etwa 26.700 Tierarten zu den Tetrapoden. Nach: https://de.wikipedia.org/wiki/Landwirbeltiere
[24] Neil Shubin (2009). Your Inner Fish: A Journey into the 3.5-Billion-Year History of the Human Body, Vintage Verlag. ISBN-10: 0307277453, ISBN-13: 978-0307277459

strömungs-elastischen Speckschicht (Blubber), die Vordergliedmaße bilden sich zu Flossen (Flippers) um, Hintergliedmaße und Beckengürtel bilden sich zurück. Fluke und Finne sind Neuerfindungen in der Phylogenie der Meeressäuger. Die Skelette der Vordergliedmaßen der Wale und Walartigen tragen den typischen Aufbau der Säugerhand. Der Oberarm ist kompakt, Fibula und Tabia sind verflacht. Die Finger sind verschieden lang, tragen 4 bis 12 Segmente und können sogar innerhalb eines Individuums unterschiedlich sein. Bei einigen Arten werden die Mittelhandknochen überhaupt nicht ausgebildet. Eine nähere Betrachtung der Hände der Meeressäuger offenbart das generale Grundmuster der Verdebratenhand und seine potentiellen geometrischen und funktionalen Spielarten.

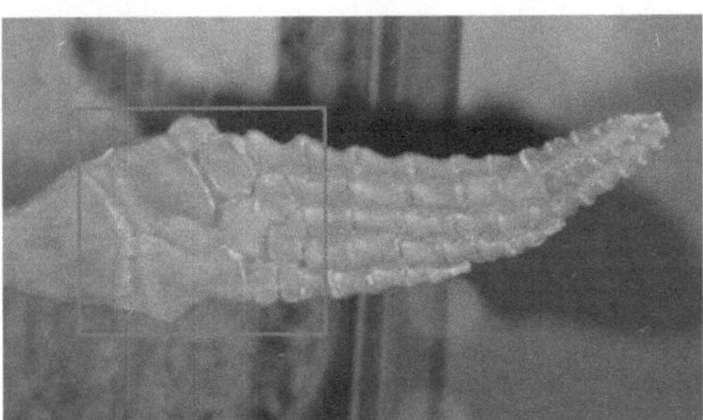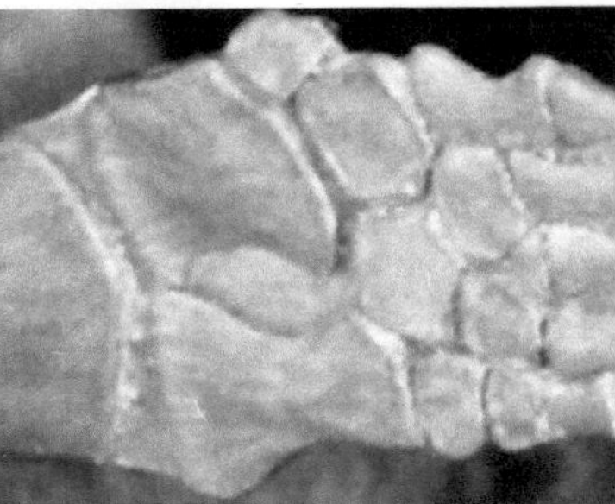

Abb.4: Präparat einer „modernen" Delfinhand. Naturkundemuseum Berlin, Mi. Dienst 2013.

Die Skelettbaupläne der Handwurzel der Wirbeltiere variieren ein gemeinsames Grundmuster; evolutionäre Gestaltänderung erfolgt insbesondere durch Skalierung und Reduktion. Die Knochen des Handgelenks bilden den Carpus. Bei der Individualentwicklung entsteht das Skelett der Wirbeltierhände aus knorpeligen Elementen innerhalb der sich entwickelnden Gliedmassenknospe, die sich in einer Reihenfolge von proximal nach distal aus Vorläuferelementen bilden. Wir wissen heute, dass die Finger der Wirbeltierhand nicht durch eine Umwandlung der evolutionsgeschichtlich vorausgehenden Fischflossen entstanden, sondern eine Neuer-findung der Tetrapoden sind. Auf den ersten Blick scheinen Arme und Hände der modernen Wirbeltiere wenig mit den Brustflossen der Fische verwandt. Doch bei näherer Betrachtung erscheint auch hier eine Variation des generalen Grundmusters der Verdebratenhand. Das Handgelenk des Menschen wird von den Morphologen schematisch als ein verzahntes Scharniergelenk beschrieben. Wegen seiner räumlich gewölbten Form und bedingt durch Bänder und Gelenkkapseln ist die Beweglichkeit begrenzt. Die Interkarpalgelenke bezeichnen die gelenkigen Verbindungen der Handwurzelknochen einer Reihe untereinander. Sie sind so genannte Wackelgelenke, die durch zahlreiche Bandzüge versteift und kaum beweglich sind. Die Karpometakarpalgelenke bezeichnen die Verbindung der distalen Handwurzelknochen mit dem zweiten bis fünften Mittelhandknochen. Der oben verwandte Terminus der Karpometakarpalgelenke als „verzahnte Scharniergelenke" weist auf eine prinzipielle Lösung als Grundlage für eine Überführung in artifizielle Bewegungssysteme. Die Kinematik der Wirbeltierskelette und insbesondere der Mittelhandknochensystem sind derzeit noch nicht hinreichend geklärt und das Beaufschlagungs-Bewegungsgebaren räumlicher Komplexgetriebe aus diskreten Gelenken und strukturelastischen Elementen bleibt wenig erforscht. Versuchen wir eine erste Schematisierung des Komplexgetriebes der Wirbeltier-Mittelhand. Als Grundlage einer semantischen Analyse der Wirbeltierextremität dient eine schematische Darstellung der

Hand eines Schweinswals nach H.G. Seeley[25]. Die Schematisierung der Meeressäuger-Hand Abb.5. zeit die funktionalen Elemente-Gruppen Metacarpala (gelb); Centralia, Carpalia (rot); Fibula, Tabia (grün); Fermur (grau), im linken Teil der Darstellung. Daraus werden zwei Gelenkprinzipien extrahiert: Beugen (mittig) und Spreizen (rechts in der Abb.5).

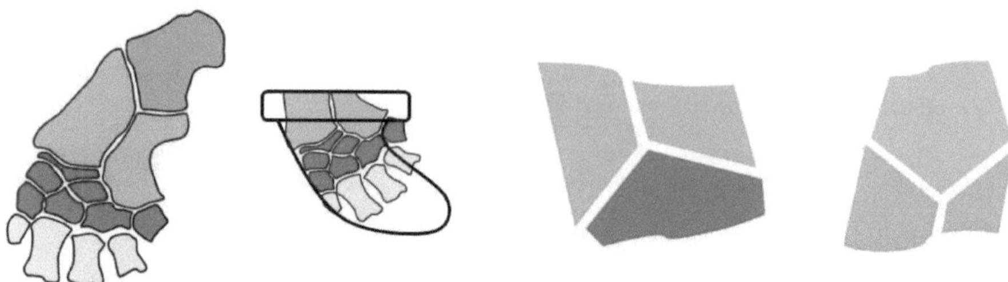

Abb.5   Schematisierung der Meeressäuger-Hand: Metacarpala (gelb); Centralia, Carpalia (rot); Fibula, Tabia (grün); Fermur (grau), links im Bild. Eine „Phantasie-Finne" (Mitte). Gelenkprinzipien: Beugen und Spreizen (zwei Skizzen rechts im Bild).

Beim biologischen System stammt die Gelenkigkeit des räumlichen Getriebes aus der Elastizität in den Lagerungen. Gleichsam bilden mehrere Segmente elastische Cluster, deren Elemente ihrerseits mit beweglichen Kantengelenken koppeln. Von der kinematischen Idee elastischer Gelenke wollen wir uns für die Dauer einer ersten Gestaltänderungs-Simulation trennen. Ziel ist, die Funktions-ursachen und kinematischen Eigenschaften artifizieller

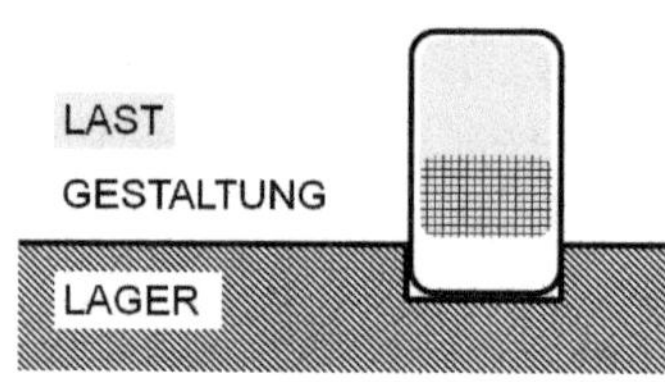

Kinematiken, die in der Art dreidimensionaler Getriebe arbeiten, zu untersuchen. Wir definieren einen schematischen Probenkörper und ermitteln das Verformungsverhalten unter Last. Es sind einfachste mechanische Modelle die mit der Methode der Finiten Elemente (FEM) analysiert werden sollen. Sie liefern erste Erkenntnisse über das Beaufschlagungs-Verformungsgebaren räumlicher Komplexgetriebe aus diskreten Gelenken mit strukturelastischen Elementen. Das Gestaltungsprinzip aus der Phänomenologie der Mittelhandknochen prognostiziert eine Beaufschlagungs-Verformungs-Erwartung der Tragflügelfläche immer dann eine bevorzugte Wölbform annehmen, wenn die Gestaltänderung mit der über die Lager vermittelten nach Lee gerichteten zwangskinematischen Strukturbewegung des Gesamtsystems erkauft wird. Gesucht wird ein Beaufschlagungs-Verformungsgebaren, das eine konkave Tragflächenwölbung hervorbringt. Ein erstes strukturelles Ersatzmodell für ein Plattengelenkgetriebe ist hier ein Systemprobenkörper, an dem einige wenige grundlegende geometrische Parameter variiert werden. Die Grundabmessungen (Tragflügelhöhe h, Tragflügelprofilkontur und Profiltiefe t) des Probenkörpers sollen entlang einer Simulationskampagne konstant sein. Der grundsätzliche Aufbau des Probenkörpers zeigt eine (Ersatztragflügel-) Fläche, die mit einer zunächst konstanten Druckbelastung (LAST) beaufschlagt werden kann. Die Probe sei im

[25] Hand eines Schweinswals. Schematische Darstellung; nach: Seeley, H. G. (2011) Dragons of the Air, An Account of Extinct Flying Reptiles, [PROJECT GUTENBERG EBOOK #35316] ISO-8859-1. In: https://archive.org/details/cu31924003932591.

Wurzelbereich (nichtelastisch) gelagert (LAGERUNG). Die Untersuchungen gehen der Frage nach, welchen Einfluss Gelenkanordnungen auf die Wölbverformung der mechanisch beaufschlagten Probe haben. Um die Möglichkeiten unterschiedlicher Gelenkanordnungen auszuloten, besitzt die Probe einen Gestaltungsspielraum (DESIGN SPACE).

Probenkörper für die Finite Elemente Analyse

Profiltiefe	t	100	[mm]				
Tragflächenlänge	h	120	[mm]	h/t	120	[%]	
Fugenlänge	hs	100	[mm]	hs/t	100	[%]	
Fugenbreite	S	2	[mm]	s/t	2	[%]	
Profildicke	d	3	[mm]	d/t	3	[%]	
Radius am Flügeltip	R	0,5	[mm]				
Gelenkwinkel (Bug)	β_{BUG}	45	[°]				
Gelenkwinkel (Heck)	β_{HECK}	45	[°]				

Die Simulation und Festigkeitsanalyse nach der FEM liefert die Gesamtverformung des belasteteten Systems. In den Profilebenen sollen palmare Messpunkte auf der konvexen Innenseite am BUG (B), in der MITTE (M) und am HECK (H) analysiert werden. Gegenstand der Betrachtung der Gesamtverformung sind die Profilebeben WURZEL (W), MEDIAN (M) und TIP (T) am Tragflügel. Aus der Matrix der Messwerte sind nun unterschiedliche Verformungskenngrößen ableitbar. In dieser ersten Untersuchung interessieren wir uns für die Kurve einer Profilsehne CURVE die bei einem elastischen Ausweichverhalten CANT während der Beaufschlagung mit einer konstanten Flächenlast „erreicht" weren kann. CANT und CURVE werden aus den erhobenen Messdaten in einfacher Weise ermittelt.

Um eine Vergleichbarkeit unterschiedlicher Probenkörper-Geometrien zu erreichen, werden die Messwerte CANT [%] und CURV[%] auf die generalisierte Tragflügeltiefe t bezogen ermittelt.

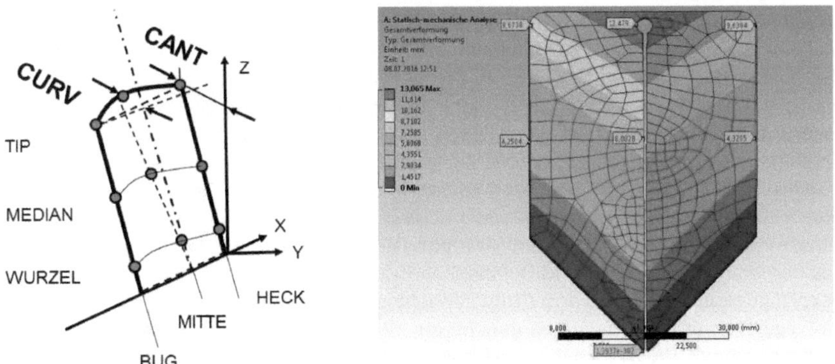

Abb.6: Modus der Messdatenerhebung für die Auslenkung CANT und die Wölbung CURV aus einer FEM-Simulation. Messpunkte und Betrachtungsebenen (FEM-Simulation: ANSYS Release 16 Academic Research Version).

Die Finite Elemete Analyse liefert eine umfangreiche Schar von Analysedaten. Ein Ergebnis der postprozessoralen Darstellung und Dokumentation ist ein umfassender Bericht, der nach jeder Simulation zu Verfügung steht und abgerufen werden kann. In der Simulationskampagne zur Untersuchung des Beaufschlagungs-Gestaltänderungs-gebarens einer standadisierten Probe interessieren neben der Spannungsverteilung in der verfomten Struktur in erstzer Linie die Verformungen des Tragflügelteils unter Last. Es können an beliebigen Stellen der deformierten Struktur Messdaten aufgenommen werden. Für einen ersten Erkenntnisgewinn sind Messdaten am Flügelende, in der Medianebene und gegebenenfalls an der Flügelwurzel von Relevanz.

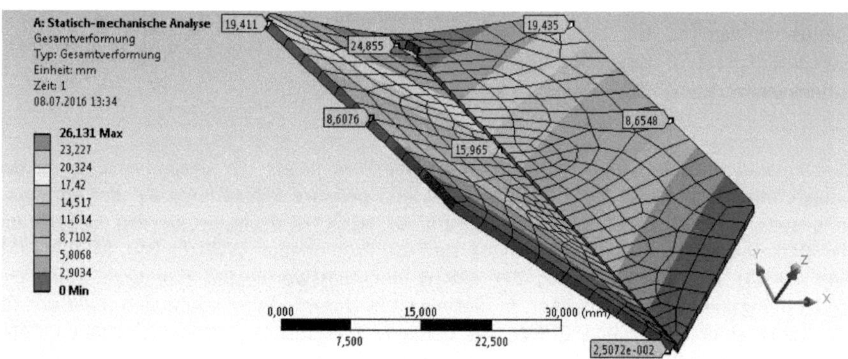

Abb. 7: Deformierte Modellkörperprobe. Und Berechnungsdaten in der Ebene MERIDIA und TIP. Gesamtverformung unter homogener Flächenbelastung analysiert mit der Finite Element Methode FEM (ANSYS Release 16 Academic Research Version). Mi. Dienst 2016.

Der analysierte Probenkörper ist ein sehr einfaches Modell einer Tragfläche mit strukturelastischem Wölbplattengetriebe. Vereinfachend sei ein linearelastisches Material und eine homogene Flächenlast angenommen. Der Probenkörper benutzt bewusst eine voll durchsetzte Fuge als Modell, die in der gestalterischen Anwendungspraxis durch eine elastische, geschossene Fuge (U-, S- oder W-Fuge) ersetzt wird. Die V-förmig ausgeführte Lagerung an der Wurzel des Tragflügels stellt die konstruktive Minimalforderung des Gestaltungsprinzips aus der Phänomenologie der Mittelhandknochen der Wirbeltiere nach. Insofern stellt das aus den Graphiken ablesbare Beaufschlagungs-Verformungs-Gebaren der druckbelasteten Modelltragfläche ein mit Blick auf die Entwicklungsziele ermutigendes Simulationsergebnis dar. Nach dem (Getriebe-) Gestaltungsparadigma für artifizielle Systeme aus der Phänomenologie der Mittelhandknochen kann eine Tragflügelfläche erst dann eine bevorzugte konkave „Wölbform CURV" annehmen, wenn die Gestaltänderung mit der über die Lager vermittelten nach Lee gerichteten zwangskinematischen Strukturbewegung des Gesamtsystems „CANT erkauft" wird. Ein Gestaltungs- und Entwicklungsziel für strukturkinematisch bewegliche Finnen wird zukünftig also sein, eine hinreichende große Wörlbverformung CURV mit möglichst moderat investiertem CANT zu realisieren. In einem generalisierten Simulationsbeispiel wird die Krümmung CURV am Tragflügelrandbogen TIP mit $C_{TIP}=5\%$ Wölbung und in der Mittelebene MEDIAN mit $C_{MEDIAN}=7\%$ Wölbung errechnet. Ich möchte vereinfachend davon ausgehen, dass auch ein geschlossenes Fugenmodell vergleichbare Krümmungen CURV realisiert. Um zu überprüfen, ob die Wölbform der Tragflächenprobe auch fluidmechanisch taugt, betrachten wir erneut ein Diagramm der Querkraftkoeffizient über Anströmwinkel für ein Plattenprofil. Die Simulationsergebnisse aus der FEM-Analyse legen die Betrachtung von Profilen mit einer Wölbungsrücklage von (xf/t)=50% nahe.

Platte P06 05 50 Re: 10E6, Wasser

Platte P06 08 50 Re: 10E6, Wasser

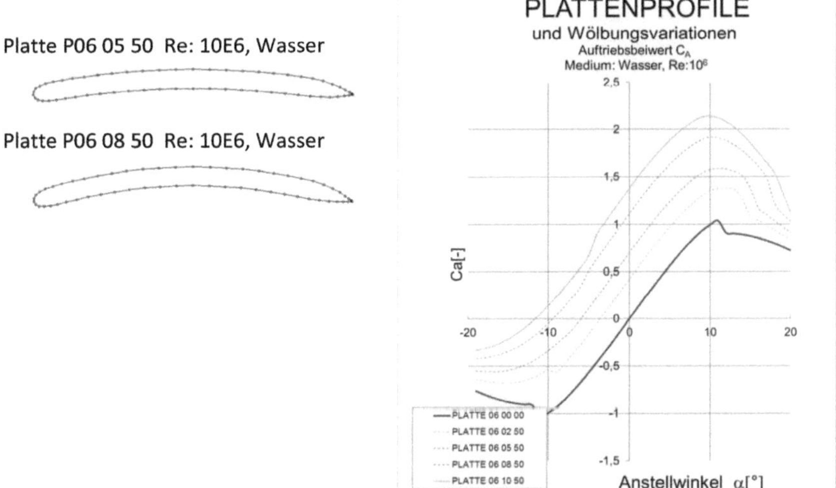

Abb.7: Profilkonturen (links) und Querkraftkoeffizient über Anströmwinkel für ein Plattenprofil PLATTE[d/t][f/t][xf/t] mit einer Dicke (d/t) von 6% unter Variation der Wölbung (f/t) bei konstanter Wölbungsrücklage von (xf/t) = 50%

In der Graphik Abb.7. sind die Berechnungsergebnisse für den Querkraftkoeffizienten der Grundkonfiguration des Profils PLATTE 06 00 00 sowie dessen Variationen hinsichtlich des Parameters Wölbung (f/t) bei konstanter Wölbungsrücklage (xf/t=50%) dargestellt. Physikalisch bedingt sind die c_A-Kurven der nunmehr nichtsymmetrischen Profilkonturen selbst asymmetrisch. Auffällig ist zunächst der absolute Wert des Lift-Koeffizienten einer gewölbten Platte mit einer Krümmung von 10% von $c_{a,STALL} > 2.0$. bei einem Stallwinkel mit $α_{STALL} = 10[°]$. Eine spezifische Wölbung f/t =5% der Tragfläche genügt offenbar, um eine Erhöhung der Querkraftkoeffizienten von 50% gegenüber dem symmetrischen Profil zu bewirken. Die deformierten Geometrien der der Grundkonfiguration des Profils PLATTE 06 00 00 sind in der Graphik Abb.7 (links) dargestellt.
Zusammenfassend bleibt festzustellen, dass das aus dem physiologischen Aufbau des Mittelhandknochensystems der Wirbeltiere extrahierten Gestaltungsprinzip funktionsartbedingt unter Belastung eine Tragfläche ausbildet, deren Profilkontur eine konkave Wölbung aufweist. Die Tragfläche besitzt also ein nicht-orthodoxes Beaufschlagungs-Verformungs-Verhalten. Ursache ist die bauliche und funktionale Ausbildung eines „Gelenkplattengetriebes". Das Gestaltungsprinzip ist die Grundlage für passive, belastungsadaptive, autonom arbeitende, mechanische Anordnungen, die sich selbstständig, also ohne Steuerungs- und Regeleingriffe, unter Last zu einem konkaven System verformen.

Mi. Dienst, Berlin im Sommer 2016

Bibliographie, weiterführende Literatur, Patente und Internet-Links

[Albe-09]   Alben, S. (2009) On the swimming of a flexible body in a
              vortex street. in J. Fluid Mech. (2009), vol. 635, pp. 27–45. Cambridge
              University Press 2009

[Albe-06]   Alben, S., Madden, P.G., Lauder, V.L. (2006) The mechanics of active fin-shape
              control in ray finned fishes. Journal of the Royal Society. Interface Vol.:
              2007/4, S. 243-256.

[Ande-99]   Anderson, J.M. (1999) NEAR-BODY FLOW DYNAMICS IN SWIMMING FISH, The
              Journal of Experimental Biology 202, 2303–2327 (1999)

[Antm-05]   Antman S.S. (2005) Nonlinear problems of elasticity. 2nd edn. Springer; New
              York, NY.

[Batc-67]   Batchelor G.K. (1967) An introduction to fluid dynamics, 1st edn. Cambridge
              University Press; Cambridge, UK.

[Bann-02]   Bannasch, Rudolph. (2002) Vorbild Natur. In: design report 9/02, S.20ff.
              Blue.C Verlag Stuttgart.

[Bapp-99]   Bappert, R. Bionik, (1999) Zukunftstechnik lernt von der Natur.
              SiemensForum München/Berlin und Landesmuseum für Technik und Arbeit
              (Herausgeber).

[Barg-11]   Bagaric, B. (2011). Modellierung, Simulation und Parametrisierung eines
              virtuellen Strömungskanals mit dem Programmsystem FS-Flow. Untersuchung
              typischer Szenarien endlicher Traglügel. Bachelorarbeit a.d. BeuthHS Berlin
              (082011).

[Bech-93]   Bechert, D.W.: Verminderung des Strömungswiderstandes durch bionische
              Oberflächen. In: VDI-Technologieanalyse Bionik, S. 74 – 77. VDI-
              Technologiezentrum Düsseldorf 1993.

[Bech-97]   Bechert, D.W., Biological Surfaces and their Technological Application. 28th
              AIAA Fluid Dynamics Conference: 1997

[Curr-25]   Curry, M. (1925) Die Aerodynamik des Segels und die Kunst des Regatta-
              Segelns. Diessen vor München: Jos. C. Huber, 1925.

[Die12-US]   Dienst, Mi. (2012) COMPONENTS DESIGNED TO BE LOAD-ADAPTIVE.
              US-Pat. 13/517,181 (based on PCT/DE2010/075164, 19062012).

[Die12-WO]   Dienst, Mi. (2012) COMPONENTS DESIGNED TO BE LOAD-ADAPTIVE.
              WO: PCT/DE2010/075164 (based on PCT/DE2010/075164, 19062012).
              IPC: B63H (2012.01)

[Die12-EU]   Dienst, Mi. (2012) COMPONENTS DESIGNED TO BE LOAD-ADAPTIVE.
              EU-Pat. 10809144.8 (based on PCT/DE2010/075164,).

[Die12-DE]   Dienst, Mi. (2012) Belastungsadaptiv ausgebildete Bauteile. Dt. Patent
              PTC/DE2010/075164, EP: 10809144.8, Offenlegung. 22062011

[Die15-3]   Dienst, Mi. (2015). Zur Fluid-Struktur-Wechselwirkung biologischer Finnen.
              Beitrag zu zur FSI biologischer und artifizieller Fluidsysteme. GRIN-Verlag
              GmbH München, ISBN (eBook): 978-3-668-00166-4, ISBN (Buch): 978-3-668-
              00167-1.

[Die13-3]   Dienst, Mi.(2013) Reihenuntersuchung zu Profilkonturen für Leit- und
              Steuerflächen von Seefahrzeugen. Datenreihe ERpL2050. GRIN-Verlag GmbH
              München, ISBN 978-3-656-47215-5

[Die11-4]   Dienst, Mi.(2011) Methoden in der Bionik. Die Reynoldsbasierte Fluidische
              Fitness. GRIN-Verlag GmbH München.

[Die09-4]   Dienst, Mi.(2009) Physical Modelling driven Bionics. GRIN-Verlag München.

[DUB-95]   Dubbel, Handbuch des Maschinenbaus, Springer Verlag Berlin, 15.Auflage 1995.

[Eppl-90]   Richard Eppler: Airfoil Design and Data. Springer, Berlin, New York 1990.

[Fli-02]   Flindt, R. (2002) Biologie in Zahlen Berlin: Spektrum Akademischer Verl.

Floc-09]   France Floch,F. Laurens, J.M. (2009) Comparison of hydrodynamics performances of a porpoising foil and a propeller. in: First International Symposium on Marine Propulsors smp'09, Trondheim, Norway, June 2009

[Fren-94]   French, M.: Invention and Evolution: design in nature and engineering. Cambridge University Press. Cambridge 1994.

[Fren-99]   French, M.: Conceptual Design for Engineers. Berlin, Heidelberg, New York, London, Paris, Tokio: Springer: 1999

[Gopa-94]   Gopalkrishnan, R.(1994) Active vorticity control in a shear flow using a flapping foil. in J. Fluid Mech. (1994), vol. 274, pp. 1-21 Cambridge University Press.

[Hild-01]   Hildebrand, M., Goslow, G.E., (2001) Vergleichende und funktionelle Anatomie der Wirbeltiere. Springer Verlag Berlin, N.Y.

[Liao-03]   Liao, J.C.; Beal, D.; Lauder, G.; Triantayllou, M. (2003): Fish Exploting Vortices Decrease Muscle Activty, In: Science 2003, S. 1566-1569. AAAS.

[Liao-06]   Liao, J.C.; Passive propulsion in vortex wakes. in J. Fluid Mech. (2006), vol. 549, pp. 385–402. c 2006 Cambridge University Press

[Katz-01]   Joseph Katz, Allen Plotkin: Low-Speed Aerodynamics (Cambridge Aerospace Series) Cambridge University Press; 2 edition (2001)

[Kreb-08-2]   Krebber, B.: "i-mech". Untersuchung der intelligenten Mechanik von Fischflossen mit Hilfe von FSI- Simulation. Forschungsbericht der Technischen Fachhochschule Berlin 2007/08

[Kreb-08-1]   Krebber, B., H.-D. Kleinschrodt und K. Hochkirch: (2008) Fluid-Struktur-Simulation zur Untersuchung intelligenter Mechanik von Fischflossen. ANSYS Conference & 26. CADFEM Users´ Meeting,

[McCu-70]   McCutchen C.W. (1970) The trout tail fin, a self-cambering hydrofoil. J. Biomech. 1970/3, S. 271–281.

[Marc-64]   Marchaj, C. A. (1964) "Sailing Theory and Practice"', <u>Adlard Coles Nautical,</u> 1964, Library of Congress Catalogue Card Number 64-13694.

[Marc-86]   Marchaj, C. A. (1986) Seaworthiness: the forgotten factor, ISBN 0-87742-227-3

[Marc-97]   Marchaj, C. A. (1997) Die Aerodynamik der Segel. Bielefeld: Delius Klasing.

[Marc-00]   Marchaj, C. A. (2000) Aero-hydrodynamics of sailing, ISBN 0-229-98652-8

[Marc-03]   Marchaj, C. A. (2003) Sail performance: techniques to maximize sail power, ISBN 0-07-141310-3

[Mial-05]   B. Mialon, M. Hepperle: "Flying Wing Aerodynamics Studies at   ONERA and DLR", CEAS/KATnet Conference on Key Aerodynamic Technologies, 20.-22. Juni 2005, Bremen.

[Mirs-05]   Mirtsch, F.; Dienst, M.: FlowBow-Artifizielle adaptive Strömungskörper nach dem Vorbild der Natur. In: Forschungsbericht der Technischen Fachhochschule Berlin 2005

[PaBe-93]   Pahl. G.; Beitz, W.: Konstruktionslehre, 3.Auflage. Berlin- Heidelberg- New York-London-Paris-Tokio: Springer 1993

[Pfeif-07]   Pfeiffer,Rolf; Bongard, Josh (2007): How the body shapes the way we think, The MIT Press

[Read-02]   D.A. Read (2002) Forces on oscillating foils for propulsion and maneuvering, in Journal of Fluids and Structures 17 (2003) 163–183 Cambridge University Press

[Rech-94]   Rechenberg, Ingo, (1994) Evolutionsstrategie. Frommann Holzboog Verlag Stuttgart- Bad Cannstatt.

[Sege-87]   Segel L.A. (1987) Mathematics applied to continuum mechanics. 1st edn. Dover Publications; New York, NY.

[Siew-10]   Siewert, M; Kleinschrodt, H-D; Krebber, B; Dienst, Mi. (2010) FSI- Analyse auto-adaptiver Profile für Strömungsleitflächen. In: Tagungsband, ANSYS Conference & 28th CADFEM Users' Meeting Aachen 2010.

[Siew-11]   Siewert, M; Kleinschrodt, H-D.(2011) Bionical Morphological Computation. In: Nachhaltige Forschung in Wachstumsbereichen Bd.1, Logos Verlag Berlin.

[Stre-96]   Streitlien, K. (1996) Efficient foil propulsion through vortex control, Aiaa Journal - AIAA J , vol. 34, no. 11, pp. 2315-2319, 1996

[Tria-95]   Triantafyllou, M. (1995): Effizienter Flossenantrieb für Schwimmroboter, Spektrum der Wissenschaft 08-1995, S. 66–73, Wiss. Verlagsges. mbH, Heidelberg 1995.

[Tria-95]   Triantafyllou, M., Triantafyllou, G. (1996): An Efficient Swimming Machine. Scientific American, March 1996. p.64-70.

[Tria-02]   Triantafyllou, M. (2002) Vorticity Control in Fish-like Propulsion and Maneuvering, INTEGR. COMP. BIOL., 42:1026–1031 (2002)

[Tho-59]   Thompson, D'Arcy, W. (1959) On Growth and Form. London: Cambridge University Press. (Neuauflage der Originalschrift 1907)

[Tho-92]   Thompson, D W., (1992). *On Growth and Form*. Dover reprint of 1942 2nd ed. (1st ed., 1917). ISBN 0-486-67135-6

[Tria-95]   Triantafyllou, M.: Effizienter Flossenantrieb für Schwimmroboter. In: Spektrum der Wissenschaft 08-1995, S. 66–73. Spektrum der Wissenschaft-Verlagsgesellschaft mbH, Heidelberg 1995.

[Zie - 72]   Zierep, J. (1972) Ähnlichkeitsgesetze und Modellregeln der Strömungslehre.

[W-1]   http://de.wikipedia.org/wiki/Profil (abgerufen 04042016)

[W-2]   The Airfoil Investigation Database, http://www.worldofkrauss.com/foils/578 (abgerufen 04042016)

[W-3]   UIUC Airfoil Coordinates Database, (abgerufen 04042016) http://www.ae.illinois.edu/m-selig/ads/coord_database.html

[W-4]   http://www.mh-aerotools.de/airfoils/javafoil.htm

[W-5]   http://www.mh-aerotools.de/airfoils/index.htm